Series

Metaverse - Freedom of Spirit
Metaverso – Liberdade de Espírito

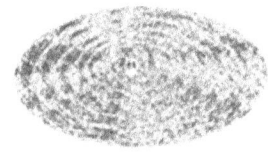

Marcílio Franco Da Costa Pereira

Contents of the First Volume

Proposal of this series   Pag.04

About the First Volume   Pag.06

Technical Concepts (Basic)   Pag.14

Metaverse Applied to Education   Pag.20

Part Two

Necessary Considerations   Pag.25

Yvonne Pereira Case   Pag.27

Open Debate   Pag.36

Final Comments   Pag.37

Extra   Pag.77

Índice do Primeiro Volume

Proposta desta Série — Pág.40

Sobre o Primeiro Volume — Pág.42

Conceituações Técnicas (Básicas) — Pág.50

Metaverso aplicado na Educação — Pág.56

Segunda Parte

Considerações Necessárias — Pág.61

Caso Yvonne Pereira — Pág.63

Debate Aberto — Pág.72

Comentários Finais — Pág.73

Extra — Pág. 77

Proposal of this series

Metaverse - Freedom of Spirit

We have built this series in order to present the reader with facts for rational analysis about the proposals of the Metaverse and its advances, as well as to create an examination between this technological conquest and the facts described in the spiritist literature, which occurred in the 20th century or before, duly documented and presented, leaving no doubt as to its veracity. Demonstrating that all our conquests, scientific and technological advances are, in fact, pale reflections of what exists in the spiritual world. And there, existing in a more perfected form than we can implement on Earth.

This series is an invitation to all, for we provide knowledge in simple terms, but we also invite researchers, students, information technology professionals, regardless of whether they are atheists, agnostics, spiritualists, or not, to delve into our materials, including proposals for developments that we do not yet have on our planet.

About the First Volume

Book 1

In this first volume, in addition to its first part, we present technical conceptualizations in simple language, so that everyone can follow this series. We present its use, developments in the Education sector. In its second part, we study reports by the spiritist writer, Yvonne do Amaral Pereira, who, in analyzing the Metaverse proposal, in the Education sector, is totally in tune.

For those who do not know her, we present her biography and other comments, available in this work, through the qr code. This is presented in order to make it unnecessary for this book, in printed form, to have many pages, as well as to provide an improvement in the quality of information transmission.

If the term "Metaverse" appeared in 1992, with Neal Stephenson's work entitled "Snow Crash". As a professional in the field of Information Technology, when I began to study it, I rejoiced doubly. First, because it is an excellent development for mankind.

To say that it, as well as all other advances bring good and not good things, this is unnecessary, because like all other human achievements they always serve for good and bad for us, depending on how we use them. The car and the airplane, as examples, both serve to facilitate the transportation of people and cargo, and also serve to kill.

When I said that the Metaverse was for me a double happiness, I was not exaggerating. First, for seeing the benefits that we will enjoy with it, and, later, for identifying its concepts, applications, used in the daily life of characters from spiritist works written, for the most part, still in the 20th century.

I proposed, then, to the team to which I am fortunate to participate in activities of developing electronic and printed books, to create a series on this theme. We will bring presentations of the uses narrated in these mentioned works, as well as, put ideas, suggestions, challenges of developments that can be achieved by professionals and students in our area of expertise.

It is easy and abundant to find in the popular media, where the Metaverse is presented as an almost exclusive form of entertainment: watching shows, buying clothes, etc. We don't want to despise this important sector for the human being, which naturally involves the movement of vast financial resources, moving the economy. But here we are also concerned with presenting its applicability in more serious sectors, such as health and education.

Importantly, this multiple applicability in different sectors, by different characters and interests, brings Metaverse the assurance that it is not simply a passing fad, but something that has the breath and strength to be with us in a perennial way. This vision also makes it a more reliable business. This does not mean that it is immune to turbulence, but it gives us the certainty that even if it enters moments of gale and storm, it will come out of those moments in the same way that a safe ship comes out of those conditions, continuing its journey without losing its way.

Intellectual property issue and its use

Throughout this series, the reader may wonder and even seek us out through the open debate, which we have developed in this series, questioning the following point:

If it is correct to think that the so-called inventions, serious human developments, useful, and that provide humanity with an improvement in their quality of life and expansion in their various activities, are pale reflections, in an even crude way, copies of what has already been developed by other humanities, in other times and on other planets. What is the merit of Neal Stephenson being the first earthling to expose the metaverse, and of companies such as Meta, Microsoft and many others being invested in it?

The answer is clear and simple, but for this it is necessary to expose it through a fictitious example.

Let's imagine that in a meeting with several people, a coordinator spoke: the development of humanity should count from the end of the 20th century on the implementation of the metaverse project. Therefore, we need someone to put this goal in the population's mind, so that, at the next moment, entrepreneurs can develop it, making the necessary adjustments and introducing it into the everyday life of earthlings. Is anyone applying for such an undertaking? From the small audience, some raise their hands and are accepted as participants in this venture to implement this project within humanity. Logically, all the necessary resources (tangible and intangible) will be provided to these workers.

To question the merit and right to use these characters, claiming that long before the creation of Earth the Metaverse project was already being used by other humanities, is absurd. For, just as in this hypothetical meeting there was the commissioning of the implementation of this project, there was also the study of other phases of implementation on Earth, of this and probably other projects. Just as there is also the right to use it because it was a personal and corporate achievement.

Just to illustrate the above, let's use another example: the formation of the Brazilian territory.

Among other factors, but the main factor that made the Brazilian territory have the dimensions that we have, was thanks to the action of the bandeirantes. We also know, whether in the present or with an eye to the future, that no nation was created without specific planetary responsibilities. Naturally, these responsibilities may vary according to the passage of time. Therefore, resources, including territorial potentialities among other points, all planned.

If it depended only on the primary interests of the colonizers, Brazil would have the size of the Brazilian coastline without going much in its interior. Knowing this characteristic, many resources were placed in its interior and through (mainly) the ambition of the bandeirantes the conquest of Brazil's interior was achieved.

Technical Concepts (Basic)

Intended for those who do not know the Metaverse. Those who do know it need not read this chapter and should (optionally) go to the second part of this book.

The virtual world (Metaverse) is the already present and irreversible future of the digital world, where holograms (avatars) of our bodies will be able to perform interactions such as: studies, meetings, shopping, travel, games. And in the health sector, education, public safety, and many others, they are already being used for the treatment of human beings. Naturally, today, still in an initiatory way, but this is only the beginning of a trajectory with no return for humanity.

We will have to change, or better put, expand our concepts and practices, because our physical and virtual activities will soon become of equal importance.

Metaverse/Multiverse: terminology used to indicate a type of virtual world that attempts to replicate reality through digital devices. It is a shared collective and virtual space, constituted by the sum of "virtual reality," "augmented reality," and "the Internet.

- Artificial Intelligence (AI)

It is a technology that allows computerized systems to copy human behavior when performing tasks.

- Augmented Reality (AR)

Augmented Reality (AR): technology that allows virtual elements to be superimposed on our view of reality.

- Mixed Reality (MR)

Mixed or hybrid reality: technology that combines features of virtual reality with augmented reality. It inserts virtual objects into the real world and allows the user to interact with the objects, producing new environments in which physical and virtual items coexist and interact at the same time.

- Virtual Reality (VR)

Virtual reality is an interface technology between a user and an operating system through 3D graphic resources or 360-degree images whose goal is to create the sensation of presence in a virtual environment different from the real one.

For purposes of understanding in other parts of the series, we can conceptualize here as well.

- Web 3.0

Hailed as the third evolution of the Internet, it projects to structure all the content available on the World Wide Web within the concepts of the Semantic Web. This new Web can also be called "The Intelligent Web".

- The semantic web is an extension of the World Wide Web that allows computers and humans to work cooperatively. The semantic web links together meanings of words and in this respect aims to be able to assign a meaning (sense) to content published on the Internet in a way that is understandable by both humans and computers.

The purpose of the semantic web is to extend the principles of web documents to data. Data can be accessed using web architecture (URI (I), for example), and is related to each other in the same way that documents already are. This also means creating a common platform that allows data to be shared and reused across the boundaries of applications, companies, and communities, and can be processed automatically by both tools and manually, also revealing new possible relationships between portions of data.

(I) Uniform Resource Identifier: "uniform resource identifier. It is a compact string of characters used to identify or name a resource on the Internet. (Wikipedia)

Exemplification:

Imagine yourself in search of tennis. With the current technologies, we access an e-commerce, search site, select the product and, with the collaboration of the available system, calculate the freight, cost, and delivery times. The Semantic Web treats the information available on the Web in a more dynamic way. Through it, if you searched for the product, you would have in your hands not only options of available locations, but also the freight value, delivery times, in an automatic and agile way.

Metaverse Applied to Education

If we imagine the possibility of students from various global regions getting together to discuss a certain topic, this meeting can be, for example, composed of students from schools in the same city or not, because the facility will be the same if you want to create this meeting between students from different states, countries, continents.

In this same line of thought, the teacher-student interaction will be even greater, because it allows, in a more dynamic way, the possibility of this exchange being richer and more constant, since there is not the element that currently separates them, which is physical distance. (This question loses its importance)

Other examples of education applied to the Metaverse are in Meta's imagined version. In a launch video, there is a scene in which a student receives assistance with her astrophysics homework by using her hands to manipulate a huge image of the solar system. "If you studied astrophysics, you could study in the multiverse," says the video's narrator.

In this same video, there is a student walking through Ancient Rome, thanks to immersive experience devices (with virtual reality glasses and headset).

"Imagine being on the street listening to the sounds, visiting the markets," the narrator encourages, "getting a sense of the pace of life over two thousand years ago. Imagine learning how the Roman forum was built, watching it being built right in front of you."

According to statistics collected by ABRES, only 36% of Brazilian students who enter higher education end up graduating, because the vast majority end up having to abandon their courses due to lack of motivation or financial conditions. Related to this, we note that the number of students enrolled in distance learning is increasing every year, even before the pandemic, because this type of course gives more flexibility to the student and reduces costs. In addition, due to the pandemic, Education suffered a severe interruption in its course, and distance learning was the option found.

The challenge that Education has today is to invest in the Metaverse, just as other companies are already doing. The ideal to be achieved is to get face-to-face teaching models programmed with Distance Learning effectively.

Benefits

1- Increased learner involvement

By building practical and interactive activities, they make teaching attractive to the new generations born in the digital age and less and less interested in theoretical lessons, as is still commonly used.

2- Better learning

Immersive technologies contribute to the development of communication, critical thinking, collaboration, and creativity - soft skills that are fundamental for the professionals of tomorrow. To achieve these results, one alternative is to work with immersion in the context of active methodologies and hybrid education. By making courses more attractive and engaging, immersion technologies also increase the degree to which students absorb the content. In fact, they generate an emotional involvement of the student with the content, promote interaction and a close relationship with the object of knowledge, and facilitate connections with the real world.

3- Theory and practice united in the teaching process

Students will not need to wait for the internship to put their teaching into practice. The simulation of real situations in a controlled environment provides experiential learning, materialized by the guidance of the teacher's explanations. In higher education courses, another attraction of virtual reality is the possibility of interaction: an engineering student in a virtual petrochemical pole can observe it in 360 degrees, walk on it, and other interactions. And all this increased learning possibility will be available in all areas of human knowledge.

Necessary Considerations

In the first part of this book we present information and optionally indicate on the Internet how the reader can find more information on the subject.

In this second part, we will present an application case of Metaverse.

It occurred with Yvonne Amaral Pereira (10/24/1906 - 03/10/1984). Published in Reformador magazine, February 1982.

Nota: this publication will be shown and all information for access by all readers, is currently available in the Digital Archive of the Reformer - maintained by Federação Espírita Brasileira.

Reading the article, we can see the practice of a method that is being sought through Metaverse in the area of Education.

A question worth asking:

In his interview to Reformador Magazine, there was not in Brazil or even in the population the idea and the custom we have today of information technologies, much less the Internet. And we were even more perplexed, because if the interview was published in February 1982, his answer to the question had been written in 1973. And, to our surprise, he exposed that the learning process that made it easier for him to write books was the pattern adopted in the composition of many of his literary works.

This case is proven and to anyone who wants to check, we provide the means for this conference!

Yvonne Pereira Case

Unusual Coincidence

Let us begin our reading by presenting at least, one unusual coincidence.

The text below is part of an article in Reformador magazine from Federação Espírita Brasileira (page23), published in February 1982, but according to the article, written by Yvonne Pereira in 1973.

About Yvonne Pereira: She wrote important works through her mediumship that are respected and extremely appreciated in the spiritist world.

How, and with a wealth of detail, could she describe that in order to write her books, they used the method that today, in the 21st century, Metaverse proposes as a teaching methodology to facilitate student learning?

Let's remember one of the goals of Metaverse, focused on Education:

Other examples of education applied to the Metaverse are in Meta's imagined version. In a launch video, there is a scene in which a student receives assistance with her astrophysics homework by using her hands to manipulate a huge image of the solar system. "If you studied astrophysics, you could study in the multiverse," says the video's narrator.

In this video, there is a student walking through Ancient Rome, thanks to immersive experience devices (with virtual reality glasses and headset).

"Imagine being on the street listening to the sounds, visiting the markets," the narrator encourages, "getting a sense of the pace of life over two thousand years ago. Imagine learning how the Roman forum was built, watching it being built right in front of you."

Dados biográficos de Yvonne A. Pereira para a Federação Espírita Brasileira

1 — FILIAÇÃO

Nasci a 24 de dezembro de 1904, após um baile na residência de minha avó materna, num sítio nos arredores da Vila de Santa Teresa, município de Valença, Estado do Rio de Janeiro, hoje cidade do Rio das Flores.

Meus pais eram a então pequeno negociante Manoel José Pereira (filho) e sua esposa Elizabeth do Amaral Pereira.

Tive como avós paternos o ex-ricos Manoel José Pereira e Isabel Guimarães Pereira, e maternos, o Capitão-Médico do Exército, veterano da guerra do Paraguai, Brás Copertino do Amaral e Francelina Glória do Amaral, ambos da cidade do Rio de Janeiro, ao tempo do Império.

Por linha paterna, certamente que descendo de judeus portugueses, como eram todos os portugueses para aqui emigrados há mais de um século, pois meus tetravós, portugueses de nascimento, assim como meu bisavô, judeus batizados e cristianizados em Portugal, emigraram para o Brasil fugindo às perseguições religiosas ainda lá existentes no seu tempo, não obstante já se terem convertido ao catolicismo por essa época; e também descendo de índios brasileiros de tribu Goitacás, pois que minha bisavó paterna era índia Goitacás, encontrada perdida nas matas do Norte do Estado do Rio com a idade de 5 anos presumíveis, durante uma caçada promovida por meu tetravô, rico fazendeiro português no Brasil, o qual, mais tarde, casou-a com o seu próprio filho, isto é, meu bisavô.

Tive 5 irmãos mais moços do que eu e um mais velho, filho do primeiro matrimônio de minha mãe.

2 — CRIAÇÃO

Meu pai era generoso de coração, muito desinteressado dos bens da fortuna, e por essa razão não pôde ser bom negociante. Por três vezes foi negociante e arruinou-se, visto que fiava-se nos fregueses em pra-

ça/es próprios. De negociante, por tanto, passou a funcionário público até a sua desencarnação, verificada em janeiro de 1925.

Fui criada com muita modéstia, mesmo pobreza, conheci dificuldades de toda gênero, coisa que me beneficiou muito, pois bem cedo alheou-me dos vaidades do mundo e aprendi a conformidade com a minha humilde condição social, firmando a esses hábitos curiosos de meus pais, hábitos por eles herdados também de seus antepassados.

Até aos 10 anos de idade, porém, vivi, principalmente, sob os cuidados de minha avó paterna, em vista das anormalidades experimentadas em minha infância com as reminiscências de minha passada existência, anormalidades que comprometendo também as suscetibilidades do próximo. Aprendi, assim, com meus pais, a servir o próximo mais necessitado do que nós, pois, em nossa casa, eram acolhidos com carinho e respeito, e até hospedados, pobres criaturas destituídas de recursos e até mesmo mendigos, alguns dos quais foram por eles sustentados durante muito tempo. Em meu livro "Recordações da Mediunidade" re-

não me permitiam viver na casa paterna devido ao fato de minha mãe, rodeada de outros filhos, não dispor de possibilidades para atender aos meus inconsoláveis queixumes trazidos de outras vidas. A partir dos 10 anos buscavam meus pais o sítio em várias localidades do Estado de Minas Gerais, onde acabei de me criar, até que, com a desencarnação de meus pais, verificado já da volta ao Es-

Now, let's read a fragment of what Yvonne do Amaral Pereira said in an interview to Reformador Magazine.

"...On the process of receiving mediumistic works, Yvonne Pereira explains:

In order to receive these books, the novels mainly, and also "Memoirs of a Suicide", their spiritual authors removed my spirit from the material body. They took me with them to the afterlife or to the country where the action would take place: Portugal, Spain, France, Germany, Russia, and also some environments of the Invisible World. Thus, I got to know some landscapes of the Spiritual World and foreign earthly countries, where the romantic action would take place, in different times and centuries. In these places I watched the play being written by the spiritual authors, with all the details, felt the emotions of all the characters, saw beautiful colors, saw myself in all the scenes, but did or said nothing, and heard an unknown voice narrating the drama with indescribable precision and charm, but without seeing the narrator, and heard everything his characters said. In this way, I witnessed the famous "Slaughter of the Huguenots" in France in 1572, with details unimaginable by all of us. I watched scenes of the Inquisition in Portugal, in the 16th century. I visited medieval and Renaissance castles. I penetrated the Louvre Palace, in Paris, as it must have been in the time of Catherine de Medici. the icebergs of Russia, learned about the life of its peasants and the splendor of the nobility that existed there during the Empire. I have known dens of misery and pain everywhere. I have penetrated dark regions of the lower astral and consoling ambiences of the intermediate astral, etc., etc. I can say that the otherworld resembles our earth, but it is more beautiful in the intermediate and good regions. There everything is pleasant and beautiful, and artistic.

I finally lived with my Spirit Guides, as if I had also disincarnated, or almost so, and reviewed many passages from the historical past quoted in my books, as if they were about the present. After all these visions the spiritual authors of the books shown came back and wrote them down, and I transmitted them with great ease, because I already knew the plot and details." (Annotations made by the medium on July 30, 1973, and published in the REFORMER of February 1982.) ..."

Given this case, which is duly documented, and should the reader wish to check it out, it is possible to access one of these presented below:

Direct on page 23- Reformador Magazine
-February 1982

Reformer Collection (I)

Reformer Collection (II)

Information from Brazil in 1982

Note the extreme similarity between what Yvonne Pereira described about publishing several works, her learning processes so that she could put them on paper, and what we are currently trying to apply in the Education sector, in the Metaverse. At that time, remembering, in Brazil there wasn't even a conception, by the population, of what information technology was. Internet, then, much less. Only a few people knew anything about the subject.

But, to better analyze the issue, we must remember that the publication occurred in 1982, being the text written by writer Yvonne Pereira in 1973.

Open Debate

As written in the introduction of this work, the series: Metaverse - Freedom of Spirit, is a work also aimed at professionals in the area of information technology, as well as atheists, religious people of other religions, and spiritualists.

We brought this case into this series in order to get readers to think about it.

It is not our purpose to draw conclusions in the place of the readers.

We are, however, available for debate on the subject:

Autores Espíritas Clássicos

fabioastoni@msn.com

Grupo Marcos

grupomarcoscontato@gmail.com

Final Comments

About the First Volume

In this first book, as an introduction to the series, we are concerned with providing basic technical concepts so that all readers, regardless of their level of education, can have the necessary knowledge to understand and follow the content expositions that we will present.

In the next volumes, when necessary, we will indicate just to reread this first book, so that you remember certain concepts used in the topics provided in the course of this series.

In the second book it is being prepared to present among other cases, what happened to Eurípedes Barsanulfo, as well as we will conclude Yvonne Pereira.

If in the case of Yvonne Pereira we saw its use in the 20th century, what we are currently commenting on as the next event, conquest, that through Metaverse we are about to have in our daily activities, in the Education sector. With that of Eurípedes Barsanulfo we will visualize a still distant proposal of development, but this will only be possible for us, as soon as possible, if we start doing researches for something to be developed as soon as possible.

In advance, we suggest reading (via qr code) Eurípedes Barsanulfo's history.

Text in english

Throughout the series other cases will be presented with the aim of also making us think:

- Does a parallel world exist?

If it exists, it is understandable that in it everything is more improved, because it is older than planet Earth in our inventions, and it is natural to understand that with fewer resources we can bring from there, with many imperfections, what already exists.

And since we try so hard to perfect our immersions, more questions remain:

- What truly is: real world, parallel world, and virtual world, and how can we distinguish their differences?

- Where does one end to give way to the other?

- Do they mix?

Proposta desta Série

Metaverso – Liberdade de Espírito

Proposta desta série

Construímos esta série no intuito de apresentar ao leitor fatos para análise racional sobre as propostas do Metaverso e seus avanços, bem como criar um exame entre esta conquista tecnológica com fatos descritos na literatura espírita, ocorridos ainda no século XX ou anteriormente, devidamente documentados e apresentados, não cabendo dúvidas quanto a sua veracidade. Demostrando que todas as nossas conquistas, avanços científicos e tecnológicos são, em verdade, pálido reflexo do que existe no mundo espiritual. Sendo que lá, existentes de forma mais aprimorada do que conseguimos implantar na Terra.

Esta série é um convite a todos, pois fornecemos conhecimentos em termos simples, mas também convidamos aos pesquisadores, estudantes, profissionais da tecnologia da informação, independentemente se ateus, agnósticos, espiritualistas ou não, se debruçarem em nossas matérias, inclusive, com propostas de desenvolvimentos que ainda não temos em nosso planeta.

Sobre o Primeiro Volume

Neste primeiro volume, além de em sua primeira parte apresentarmos conceituações técnicas em linguagem simples, para que todos possam acompanhar esta série. Apresentamos a sua utilização, desenvolvimentos no setor da Educação. Em sua segunda parte, estudamos relatos da escritora espírita, Yvonne do Amaral Pereira, que em análise da proposta do Metaverso, no setor da Educação, está totalmente em sintonia.

Sendo que aos que não a conhecem apresentamos sua biografia e outros comentários, disponibilizado nesta obra, via qr code. Sendo assim apresentado no intuito de ser desnecessário que este livro, no formato impresso, seja de muitas páginas, bem como proporcionar uma melhora na qualidade de transmissão das informações.

Se o termo "Metaverso" surgiu em 1992, com a obra de Neal Stephenson intitulada "Snow Crash". Como profissional da área de Tecnologia da Informação, ao iniciar seus estudos, alegrei-me duplamente. Primeiramente, pelo fato de ser um excelente desenvolvimento para a humanidade.

Dizer que ele, assim como todos os demais avanços trazem coisas boas e não boas, isto é desnecessário, pois assim como todas as demais conquistas humanas sempre servem para o bem e para o mal de nós mesmos, dependendo da forma com que as utilizamos. O carro e o avião, como exemplos, tanto servem para facilitar o transporte de pessoas e cargas, quanto servem para matar.

Quando disse que o Metaverso foi para mim uma dupla felicidade, não exagerei. Primeiramente, por ver os benefícios que usufruiremos com ele, e, posteriormente, por identificar os seus conceitos, aplicações, utilizados no cotidiano de personagens de obras espíritas escritas, a sua maior parte, ainda no século XX.

Propus, então, a equipe ao qual tenho a felicidade de participar de atividades de desenvolvimento de livros eletrônicos e impressos, criarmos uma série sobre este tema. Traremos apresentações das utilizações narradas nestas obras mencionadas, bem como, colocaremos ideias, sugestões, desafios de desenvolvimentos que poderão vir a ser alcançados por profissionais e estudantes de nossa área de atuação.

É fácil e abundante encontrarmos nos meios de comunicações populares, onde apresenta-se o Metaverso como forma quase que exclusiva ao entretenimento:

assistir shows, comprar roupas, etc. Não querendo aqui desprezar este importante setor para o ser humano, que naturalmente envolve a movimentação de vultuoso recurso financeiro, movimentando a economia. Mas, aqui, também preocupamos em apresentar a sua aplicabilidade em setores, digamos, mais sérios, como saúde e educação.

É importante notar que esta múltipla aplicabilidade em diferentes setores, por diferentes personagens e interesses, traz ao Metaverso segurança de que não é uma simples onda, modismo, mas, sim, algo que tem fôlego e força para estar conosco de uma forma perene. Sendo que esta visão o torna também um negócio mais confiável. Isto não quer dizer que esteja imune a turbulências, mas nos dá a certeza de que mesmo entrando em momentos de vendaval e tempestades, ele sairá destes momentos da mesma forma que um navio seguro sai destas condições, seguindo a sua viagem sem perder rumo.

Questão da propriedade intelectual e sua utilização

Ao longo desta série, o leitor poderá se perguntar e mesmo nos procurar através do debate aberto, que desenvolvemos nesta série, questionando o seguinte ponto:

Se é correto pensar que as ditas invenções, desenvolvimentos humanos sérios, úteis, e que proporcionam a humanidade uma melhoria em sua qualidade de vida e ampliação em suas atividades diversas, são pálidos reflexos, de uma forma até grosseira dizer, cópias do que já foi desenvolvido por outras humanidades, em outras épocas e em outros planetas. Qual o mérito de Neal Stephenson ter sido o primeiro terráqueo a expor o metaverso, das empresas como: Meta, Microsoft e tantas outras estarem investindo?

A resposta é clara e simples, mas para isto é necessário expor através de um exemplo fictício.

Imaginemos que em uma reunião com diversas pessoas, um coordenador haja falado: o desenvolvimento da humanidade deverá contar a partir do final do século XX, da implantação do projeto metaverso. Assim sendo, necessitamos que alguém coloque este objetivo na ideia da população, para que em próximo momento, empreendedores a desenvolvam, fazendo as devidas adequações e coloquem no cotidiano dos terráqueos. Alguém se habilita? Da reduzida plateia alguns levantam as suas mãos, e são aceitos como tarefeiros que irão implantar no seio da humanidade este projeto. Logicamente, todos os recursos necessários (tangíveis e intangíveis) são a estes tarefeiros providenciados.

Questionar o mérito e o direito de uso destes personagens, alegando que muito antes da Terra haver sido criada o projeto Metaverso já estava sendo utilizado por outras humanidades, é um absurdo. Pois, da mesma forma que nesta reunião hipotética houve a incumbência desta implantação do projeto, também ocorreu o estudo de outras etapas de implementação na Terra, deste e provavelmente de outros projetos. Bem como há também o direito de uso de uma conquista pessoal, empresarial.

Apenas para ilustrar o acima exposto, utilizemos outro exemplo: a formação do território brasileiro.

Entre outros fatores, mas o principal fator que fez o território brasileiro ter as dimensões que temos, foi graças a ação dos bandeirantes. Igualmente sabemos, seja no presente ou com olhos para o futuro, que nenhuma nação foi criada sem específicas responsabilidades planetárias. Naturalmente, estas responsabilidades podem variar de acordo com o passar do tempo. Portanto, recursos, incluindo potencialidades territoriais entre outros pontos, tudo planejado.

Se dependesse apenas dos interesses primários dos colonizadores, o Brasil teria o tamanho do litoral brasileiro sem entrar muito para o seu interior. Conhecendo esta característica, muitos recursos foram colocados em seu interior, e através (principalmente) da ambição dos bandeirantes a conquista do interior brasileiro foi realizada.

Conceituações Técnicas
(Básicas)

Destinado aos que não conhecem o Metaverso. Aos que dominam não é necessário, podendo ir à segunda parte deste livro.

O mundo virtual (Metaverso) é o futuro já presente e irreversível do mundo digital, onde os hologramas (avatares) de nossos corpos poderão realizar interações tais como: estudos, reuniões, compras, viagens, games. Sendo que, no setor de saúde, educação, segurança pública e tantos outros já utilizam para o tratamento do ser humano. Naturalmente, hoje, ainda de forma iniciática, mas isto é apenas o começo de uma trajetória sem volta da humanidade.

Teremos de alterar, melhor expondo, ampliar os nossos conceitos e práticas, pois nossas atividades físicas e virtuais, logo irão passar a terem a mesma importância.

Metaverso/Multiverso: terminologia utilizada para indicar um tipo de mundo virtual que tenta replicar a realidade através de dispositivos digitais. É um espaço coletivo e virtual compartilhado, constituído pela soma de "realidade virtual", "realidade aumentada" e "Internet".

• **Inteligência Artificial (IA)**

É uma tecnologia que permite que sistemas informatizados copiem o comportamento humano na realização de tarefas.

• **Realidade Aumentada (RA)**

A Realidade Aumentada (RA): tecnologia que permite sobrepor elementos virtuais à nossa visão da realidade.

• **Realidade Mista (RM)**

Realidade mista ou híbrida: tecnologia que une características da realidade virtual com a realidade aumentada. Esta insere objetos virtuais no mundo real e permite a interação do usuário com os objetos, produzindo novos ambientes nos quais itens físicos e virtuais coexistem e interagem ao mesmo tempo.

- **Realidade Virtual (VR)**

Realidade virtual é uma tecnologia de interface entre um usuário e um sistema operacional através de recursos gráficos 3D ou imagens 360 graus cujo objetivo é criar a sensação de presença em um ambiente virtual diferente do real.

Para efeito de compreensão em outras partes do livro, podemos aqui também conceituar.

- **Web 3.0**

Apregoada como a terceira onda da Internet, projeta estruturar todo o conteúdo disponível na rede mundial de computadores dentro dos conceitos de Web Semântica. Esta nova Web também pode ser chamada de "A Web Inteligente".

- Web semântica é uma extensão da World Wide Web que permite aos computadores e humanos trabalharem em cooperação. A Web semântica interliga significados de palavras e, neste âmbito, tem como finalidade conseguir atribuir um significado (sentido) aos conteúdos publicados na Internet de modo que seja compreensível tanto pelo humano como pelo computador.

A proposta da web semântica é estender os princípios dos documentos da web para os dados. Os dados podem ser acessados usando a arquitetura web (URI (I), por exemplo), e estão relacionados uns com os outros da mesma forma que os documentos já são. Isso também significa criar uma plataforma comum que permita o compartilhamento e a reutilização dos dados por meio das fronteiras das aplicações, empresas e comunidades, podendo ser processados automaticamente tanto por ferramentas quanto manualmente, também revelando novos relacionamentos possíveis entre as porções de dados.

(I) Uniform Resource Identifier: "identificador uniforme de recurso". É uma cadeia de caracteres compacta usada para identificar ou denominar um recurso na Internet. (Wikipedia)

Exemplificação:

Imagine-se em busca de um tênis. Com as atuais tecnologias, acessamos um e-commerce, site de busca, selecionamos o produto e, com a colaboração do sistema disponibilizado, realizamos o cálculo do frete, custo, prazos de entrega. A Web Semântica trata as informações disponíveis na Web de forma mais dinâmica. Através dela, se você procurasse o produto, teria em suas mãos não somente opções dos locais disponíveis, mas igualmente o valor do frete, prazos de entrega, de forma automática e ágil.

Metaverso aplicado na Educação

Se imaginarmos a possibilidade de estudantes de várias regiões globais se poderem reunir para discutir um determinado tema, este encontro pode ser, por exemplo, composto por estudantes de escolas da mesma cidade ou não, porque a facilidade será a mesma se quiserem criar este encontro entre estudantes de diferentes estados, países, continentes.

Nesta mesma linha de pensamento, a interação professor-aluno será ainda maior, porque permite, de uma forma mais dinâmica, a possibilidade deste intercâmbio ser mais rico e constante, uma vez que não existe o elemento que atualmente os separa, que é a distância física. (Esta questão perde sua importância)

Outros exemplos de educação aplicada ao Metaverso estão na versão imaginada pela Meta. Num vídeo de lançamento, há uma cena em que uma estudante recebe assistência nos seus trabalhos de casa de astrofísica, utilizando as suas mãos para manipular uma enorme imagem do sistema solar. "Se estudasse astrofísica, poderia estudar no multiverso", diz o narrador do vídeo.

Neste vídeo, há um estudante a caminhar pela Roma Antiga, graças a dispositivos de experiência imersiva (com óculos e auscultadores de realidade virtual).

"Imagine estar na rua a ouvir os sons, a visitar os mercados", encoraja o narrador, "a ter uma noção do ritmo de vida há mais de dois mil anos. Imagine aprender como o fórum romano foi construído, vendo-o a ser construído mesmo à sua frente".

De acordo com estatísticas recolhidas pela ABRES, apenas 36% dos estudantes brasileiros que entram no ensino superior acabam por se formar, porque a grande maioria acaba por ter de abandonar os cursos devido à falta de motivação ou de condições financeiras. Em relação a isto, notamos que o número de estudantes inscritos no ensino à distância está a aumentar todos os anos, mesmo antes da pandemia, porque este tipo de curso dá mais flexibilidade ao estudante e reduz os custos. Além disso, devido à pandemia, a Educação sofreu uma grave interrupção no seu curso, e a aprendizagem à distância foi a opção encontrada.

O desafio que a Educação tem hoje em dia é investir no Metaverso, tal como outras empresas já estão a fazer. O ideal a ser alcançado é conseguir que os modelos de ensino presencial sejam programados com o Ensino à Distância, de forma eficaz.

Benefícios

1- Maior envolvimento do aprendente

Ao construir atividades práticas e interativas, tornam o ensino atrativo para as novas gerações nascidas na era digital e cada vez menos interessadas em aulas teóricas, como ainda é comumente utilizado.

2- Mais aprendizagem

As tecnologias imersivas contribuem para o desenvolvimento da comunicação, do pensamento crítico, da colaboração e da criatividade - competências transversais que são fundamentais para os profissionais de amanhã. Para alcançar estes resultados, uma alternativa é trabalhar com imersão no contexto de metodologias ativas e educação híbrida. Ao tornar os cursos mais atrativos e envolventes, as tecnologias de imersão também aumentam o grau de absorção do conteúdo pelos estudantes. De fato, geram um envolvimento emocional do estudante com o conteúdo, promovem a interação e uma relação próxima com o objeto de conhecimento, e facilitam as ligações com o mundo real.

3- A teoria e a prática irão juntas no processo de ensino

Os estudantes não precisarão de esperar pelo estágio para pôr em prática o seu ensino. A simulação de situações reais num ambiente controlado proporciona uma aprendizagem experimental, materializada pela orientação das explicações do professor. Nos cursos superiores, outra atração da realidade virtual é a possibilidade de interação: um estudante de engenharia num polo petroquímico virtual pode observá-lo em 360 graus, caminhar sobre ele, e outras interações. E toda esta maior possibilidade de aprendizagem estará disponível em todas as áreas do conhecimento humano.

Considerações Necessárias

Na primeira parte deste livro apresentamos informações e opcionalmente indicamos na Internet como o leitor poderá encontrar mais informações sobre o assunto.

Nesta segunda parte, apresentaremos caso de aplicação do Metaverso.

Ocorreu com Yvonne Amaral Pereira (24/10/1906 - 10/03/1984). Publicado na revista Reformador, Fevereiro de 1982.

Nota: esta publicação será mostrada e toda a informação para acesso de todos os leitores, está atualmente disponível no Arquivo Digital do Reformador - mantido pela Federação Espírita Brasileira.

Lendo o artigo, podemos observar a prática de um método que está a ser procurado através do Metaverso na área da Educação.

Uma questão digna de ser questionada:

Na sua entrevista à Revista Reformador, não havia no Brasil ou mesmo na população a ideia e o costume que temos hoje das tecnologias de informação, muito menos a Internet. E ficamos ainda mais perplexos, porque se a entrevista foi publicada em Fevereiro de 1982, a sua resposta à pergunta tinha sido escrita em 1973. E, para nossa surpresa, expôs que o processo de aprendizagem que lhe facilitava a escrita dos livros era o padrão adotado na composição de muitas de suas obras literárias.

Este caso está provado e qualquer pessoa que queira verificar, fornecemos os meios para esta conferência!

Caso Yvonne Pereira

Coincidência Inusitada

Comecemos a nossa leitura apresentando ao menos, uma coincidência invulgar.

O texto abaixo é parte de um artigo da revista Reformador da Federação Espírita Brasileira (página 23), publicado em Fevereiro de 1982, mas segundo o artigo, escrito em 1973.

Sobre Yvonne Pereira: escreveu obras importantes através da sua mediunidade que são respeitadas e extremamente apreciadas no mundo espírita.

Como, e com riqueza de detalhes, poderia ela descrever que para poder escrever os seus livros, utilizavam com ela o método que hoje, no século XXI, o Metaverso propõe como metodologia de ensino para facilitar a aprendizagem do aluno?

Relembremo-nos de um dos objetivos do Metaverso, focado na Educação:

Outros exemplos de educação aplicada ao Metaverso estão na versão imaginada pela Meta. Num vídeo de lançamento, há uma cena em que uma estudante recebe assistência nos seus trabalhos de casa de astrofísica, utilizando as suas mãos para manipular uma enorme imagem do sistema solar. "Se estudasse astrofísica, poderia estudar no multiverso", diz o narrador do vídeo.

Neste vídeo, há um estudante a caminhar pela Roma Antiga, graças a dispositivos de experiência imersiva (com óculos e auscultadores de realidade virtual).

"Imagine estar na rua a ouvir os sons, a visitar os mercados", encoraja o narrador, "a ter uma noção do ritmo de vida há mais de dois mil anos. Imagine aprender como o fórum romano foi construído, vendo-o a ser construído mesmo à sua frente".

Dados biográficos de Yvonne A. Pereira para a Federação Espírita Brasileira

1 — FILIAÇÃO

Nasci a 24 de dezembro de 1906, após um baile na residência de minha avó materna, num sítio nos arredores da Vila de Santa Tereza, município de Valença, Estado do Rio de Janeiro, hoje cidade de Rio das Flores.

Meus pais eram e são pequeno negociante Manoel José Pereira (filho) e sua esposa Elizabeth de Amaral Pereira.

Tive como avós paternos e ou avós Manoel José Pereira e Isabel Guimarães Pereira, e maternos, o Capitão-Médico do Exército, veterano da guerra do Paraguai, Braz Cupertino do Amaral e Francelina Gloria do Amaral, ambos da sociedade do Rio de Janeiro, ao tempo do Império.

Por linha paterna, certamente que descendo de judeus portugueses, como eram todos os portugueses para aqui emigrados há mais de um século, pois meus tetravós, portugueses de nascimento, assim como meu bisavô, judeus batizados e cristianizados em Portugal, emigraram para o Brasil fugindo às perseguições religiosas ainda existentes no seu tempo, não obstante já se terem convertido ao catolicismo por essa época, e também desejando de índios brasileiros da tribo Goitacás, pois que minha bisavó paterna era índia Goitacás, encontrada perdida nas matas do Norte do Estado do Rio com a idade de 5 anos presumíveis, durante uma caçada promovida por meu tetravó, rico fazendeiro português no Brasil, o qual, mais tarde, casou-a com o seu próprio filho, isto é, meu bisavô.

Tive 5 irmãos mais moços do que eu e um mais velho, filho do primeiro matrimônio de minha mãe.

2 — CRIAÇÃO

Meu pai era generoso de coração, muito desinteressado dos bens da fortuna, e por essa razão não pôde ser bom negociante. Por três vezes foi negociante e arruinou-se, visto que favorecia os fregueses em pre-

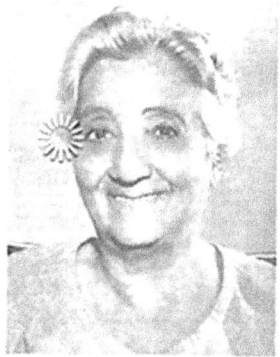

juízo próprio. De negociante, portanto, passou a funcionário público até a sua desencarnação, verificada em janeiro de 1925.

Fui criada com muita modéstia, mesmo pobreza, conheci dificuldades de todo gênero, coisa que me beneficiou muito, pois bem cedo alijou-me das vaidades do mundo e aprendi a conformidade com a minha humilde condição social,

comprendendo também as necessidades do próximo. Aprendi, assim, com meus pais, a servir o próximo mais necessitado do que nós, pois, em nossa casa, eram acolhidos com carinho e respeito e às hospedados, pobres criaturas destituídas de recursos e até mesmo mendigos, alguns dos quais foram por eles esfomeados durante muito tempo. Em meu livro "Recordações da Mediunidade" re-

firo-me a esses hábitos caridosos de meus pais, hábitos por eles herdados também de seus antepassados.

Até aos 10 anos de idade, porém, vivi, principalmente, sob os cuidados de minha avó paterna, em vista das anormalidades experimentadas em minha infância com as reminiscências de minha passada existência, anormalidades que

não me permitiram viver na casa paterna devido ao fato de minha mãe, reduzida de outros filhos, não dispor de possibilidades para atender aos meus incômodos complexos trazidos de outras vidas. A partir dos 10 anos habituei com meus pais e vivi em várias localidades do Estado de Minas Gerais, onde acabei de me criar, até que, com a desencarnação de meu pai, verificado já de volta ao Es-

Agora, vamos ler um fragmento do que Yvonne do Amaral Pereira disse numa entrevista à Revista Reformador.

"...Sobre o processo de recepção de obras mediúnicas, Yvonne Pereira explica:

A fim de receber esses livros, os romances principalmente, e também "Memórias de um Suicida", seus autores espirituais retiravam meu espírito do corpo material. Levavam-me com eles para o Além ou para o país em que se desenrolaria a ação: Portugal, Espanha, França, Alemanha, Rússia e também alguns ambientes do Mundo Invisível. Conheci, assim, algumas paisagens do Mundo Espiritual e países estrangeiros terrenos, onde a ação romântica se desenrolava, em diferentes épocas e séculos. Nesses locais, eu assistia à peça a ser escrita pelos autores espirituais, com todos os detalhes, sentia as emoções de todas as personagens, contemplava colorações belíssimas, via-me em todas as cenas, mas nada fazia ou dizia, e ouvia uma voz desconhecida a narrar o drama com uma precisão e um encanto Indescritíveis, mas sem ver o narrador, e ouvia ainda tudo quanto diziam as suas personagens. Assisti, dessa forma, à célebre "Matança dos Huguenotes", na França, no ano de 1572, com detalhes Inimagináveis por todos nós. Assisti a cenas da Inquisição de Portugal, no século XVI. Visitei castelos medievais e da Renascença. Penetrei o Palácio do Louvre, em Paris, como ele devia ser ao tempo de Catarina de Médicis. Periustrel os gelos da Rússia, conheci a vida de seus camponeses e o esplendor da nobreza ali existentes durante o Império. Conheci antros de miséria e dor de toda a parte. Penetrei regiões sombrias do astral Inferior e ambiências consoladoras do astral Intermediário etc., etc. Posso dizer que o Além-Túmulo se assemelha à nossa Terra, porém, mais belo nas regiões Intermediárias e boas. Nestas tudo é agradável e belo, e artístico.

Convivi, finalmente, com meus Guias Espirituais, como se eu fora também desencarnada, ou quase isso, e revi muitos trechos do passado histórico citados em meus livros, como se se tratasse do presente. Depois de todas essas visões os autores espirituais dos livros mostrados voltavam e os escreviam, e eu os transmitia com grande facilidade, porque já conhecia o enredo e os detalhes." (Anotações feitas pela médium em 30 de julho de 1973, e publicadas no REFORMADOR de fevereiro de 1982.) ..."

Diante deste caso, que é devidamente documentado, e caso o leitor queira conferir é possível acessar por um destes apresentados abaixo:

Direto na página 23- Revista Reformador - fevereiro de 1982

Acervo Reformador
(I)

Acervo Reformador
(II)

Informações do Brasil, em 1982

Observe-se a extrema semelhança entre o que Yvonne Pereira descreveu sobre a publicação de diversas obras, seus processos de aprendizagem para que ela pudesse colocar no papel e o que atualmente estamos procurando aplicar no setor da Educação, no Metaverso. Sendo que nesta época, relembrando, no Brasil não havia sequer uma concepção, pela população, do que era a informática. Internet, então, muito menos. Apenas algumas pessoas conheciam algo sobre o assunto.

Mas, para melhor analisarmos a questão, devemos nos lembrar que a publicação ocorreu em 1982, mas o texto foi escrito pela escritora Yvonne Pereira, no ano de 1973.

Debate Aberto

Como escrito na introdução desta obra, a série: Metaverso – Liberdade de Espírito, é um trabalho destinado aos profissionais da área da tecnologia da informação, bem como a ateus, religiosos de outras vertentes, espiritualistas e espíritas.

Trouxemos este caso a esta série, no intuito de poder levar aos leitores a pensar sobre ele.

Não sendo nosso propósito tirar conclusões no lugar dos leitores.

Estamos disponíveis, contudo, para debater sobre o tema:

Autores Espíritas Clássicos

fabioastoni@msn.com

Grupo Marcos

grupomarcoscontato@gmail.com

Comentários Finais

Sobre o Primeiro Volume

Este primeiro livro, como introdução à série, preocupamo-nos a fornecer conceituações técnicas básicas para que todos os leitores, independentemente de seu grau de instrução, possam ter conhecimentos necessários para entender e acompanhar as exposições de conteúdos que iremos apresentar.

Nos próximos volumes, quando necessário, apenas indicaremos que releiam no primeiro livro, para que se recordem de determinados conceitos utilizados nos assuntos fornecidos no desenrolar desta série.

No segundo livro está sendo preparado apresentar entre outros casos, o ocorrido com Eurípedes Barsanulfo, bem como iremos concluir Yvonne Pereira.

Se no caso de Yvonne Pereira conseguimos ver sendo utilizado no século XX, o que atualmente comentamos como próximo acontecimento, conquista, que através do Metaverso estamos prestes a ter em nossas atividades cotidianas, no setor da Educação. Com o de Eurípedes Barsanulfo iremos visualizar uma proposta de desenvolvimento ainda distante, mas que só estará possível alcançarmos, o quanto antes, se começarmos a efetuar pesquisas o mais breve que esteja a nossa disposição.

Antecipadamente, sugerimos a leitura (via qr code) de breve histórico de Eurípedes Barsanulfo.

Site

PDF

Ao longo da série outros casos serão apresentados com o objetivo de também levar-nos a pensar:

- Existe mundo paralelo?

Se existe, compreensível que nele tudo seja mais aprimorado, pois mais antigo do que o planeta Terra, em nossas invenções, natural compreendermos de que com menos recursos conseguimos de lá trazer com muitas imperfeições o que lá já existe.

E já que procuramos tanto aperfeiçoar nossas imersões, ficam mais questionamentos:

- O que é verdadeiramente: mundo real, mundo paralelo e o mundo virtual, e como poderemos distinguir suas diferenças?

- Onde um encerra para dar lugar ao outro?

- Eles se misturam?

Extra

Site (English)

Site (Português)

www.ingramcontent.com/pod-product-compliance
Lightning Source LLC
Chambersburg PA
CBHW070122230526
45472CB00004B/1379